淡积云

胡育峰 / 摄

U0956339

观云识天——低云

淡积云

云体轮廓分明，底部平坦有阴影，顶部略微凸起，呈“馒头”形状，是最为常见的云。它的出现，表明至少在未来的几个小时内天气都是不错的。谚语称“馒头云，天气晴”。

气象出版社
官方微信

积云性层积云

薛瑞平 / 摄

观云识天——低云

积云性层积云

云体多为扁平的长条形，呈灰白色、暗灰色，顶部具有积云特征。它一般由积云消散平衍而成，它的出现一般表示对流减弱、天气逐渐趋向稳定，但有时也会降雨。图中部长条状的即为落日时分的积云性层积云，又称“向晚层积云”。

气象出版社
官方微信

浓积云

缪增辉 / 摄

观云识天——低云

浓积云

云体高大，轮廓清晰，底部较平，顶部呈圆弧形重叠，呈“花椰菜”形状。在其发展旺盛阶段，一般不会出现降水，但有时也带来短时阵雨。清晨出现浓积云，午后会出现雷阵雨天气。

气象出版社
官方微信

鬃积雨云
曹洁 / 摄

观云识天——低云

鬃积雨云

鬃积雨云是积雨云的成熟阶段，顶部平衍呈砧状，常产生雷暴、阵雨（雪），或有雨（雪）幡下垂，有时产生强风或冰雹，云底偶有龙卷产生，它是夏天雷阵雨和暴雨出现之前最常见的云。

气象出版社
官方微信

层云
吴永泽 / 摄

观云识天——低云

层云

云层低而均匀，云底距地面一般不超过 500 米，像雾但通常不接地，呈灰白色或灰色，如同天空布满雾纱，空气中有水汽扑面的感觉。层云出现往往会下毛毛雨或者小的米雪。

气象出版社
官方微信

碎积云
薛瑞平 / 摄

观云识天——低云

碎积云

在淡积云形成之前或积云被风吹散之后，形成的边缘破碎、轮廓不完整、形状多变的云。它的出现表明中低空气层比较稳定，天气晴好。

气象出版社
官方微信

秃积雨云

宋安驰 / 摄

观云识天——低云

秃积雨云

为积雨云的初始阶段，一般维持时间较短。它常由浓积云发展而成，是浓积云发展到鬃积雨云的过渡阶段，花椰菜形的轮廓渐渐变得模糊，顶部开始冻结，形成白色毛丝般的冰晶结构。

气象出版社
官方微信

透光层积云

李雪静 / 摄

观云识天——低云

透光层积云

形状不是很规则，呈灰白色，排列较整齐，缝隙处可以看见蓝天。

气象出版社
官方微信

蔽光层积云

曹洁／摄

观云识天——低云

蔽光层积云

云块较厚，显暗灰色，云块间无缝隙，常密集成层，底部有明显的波状起伏，有时会产生降水。

气象出版社
官方微信

堡状层积云

侯娅南 / 摄

观云识天——低云

堡状层积云

云块细长，底部水平，顶部凸起有垂直发展的趋势。远处看去好像城堡或长条形锯齿。它的出现往往预示有积雨云发展，甚至有雷阵雨产生。图中的堡状层积云已经发展，逐渐向积雨云转变。

气象出版社
官方微信

荚状层积云

王元红 / 摄

观云识天——低云

荚状层积云

云体呈豆荚状、梭子形或圆盘形，中间较厚，边缘较薄，它是受地形影响而形成的。层积云移动到山顶时，由于受地形影响，演变成重叠起来的荚状云。

气象出版社
官方微信

碎层云
贾毅萍／摄

观云识天——低云

碎层云

云体为不规则的碎片，形状多变，移动较快，呈灰色或灰白色，往往是由消散中的层云分裂或雾抬升而成，出现时多预示晴天。

气象出版社
官方微信

雨层云

王力/摄

观云识天——低云

雨层云

雨层云云层很厚，一般厚度为 4～5 千米，呈暗灰色，水平分布范围广，常布满全天，是典型带来坏天气的云。谚语“天上灰布悬，雨丝定连绵”，多指雨层云连续降水的状况。

气象出版社
官方微信

碎雨云
官秀珠 / 摄

观云识天——低云

碎雨云

云体低而破碎，不断滋生，形状多变，移动较快，呈暗灰色，是由于降水物蒸发，空气湿度增大，在乱流作用下水汽凝结而形成。

气象出版社
官方微信